Zoom mit!

Die Natur

Vom Universum bis zur Zelle

arsEdition

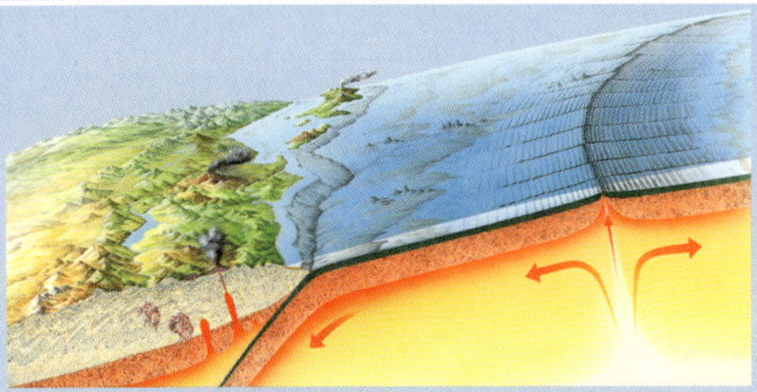

INHALT

Die Erde

Unser Planet ist einer von neun Planeten in unserem Sonnensystem. Es ist der einzige uns bekannte Planet, auf dem es Lebewesen gibt. Das verdanken wir dem Wasser und der Atmosphäre, die nicht nur die gefährliche Sonnenstrahlung, sondern auch die großen Gesteinsbrocken aus dem All von der Erde fern hält. Die Erde bewegt sich wie ein großes Raumschiff mit über 100 000 Stundenkilometern durchs All. Dabei muss sie mit dem auskommen, was sie »an Bord« hat. Wasser und Nährstoffe werden in der Natur in großen Kreisläufen wiederverwertet (siehe Seite 23 und 26).

Zoom: Afrika, einer von sieben Kontinenten

Ostafrikanischer Graben

Der gewaltige Ostafrikanische Graben entstand, als zwei Kontinentalplatten auseinander drifteten (siehe Seite 22).

Magma, das vom Erdinnern nach oben drängt, füllt die Spalte zwischen den Platten aus. Die Erdkruste dehnt sich, wird dünner und bricht. Es entstehen

Hier liegt der Ostafrikanische Graben.

so genannte Verwerfungen. Zwischen den Verwerfungen senkt sich ein langer Landstreifen ab und bildet einen Graben. Der Ostafrikanische Graben verläuft von Mosambik im Süden bis hinauf ans Rote Meer.

Den gesamten Graben durchziehen neue und alte Vulkane. Es gibt auch Calderen, riesenhafte Krater eines geborstenen Vulkans. In manchen finden die Savannentiere Unterschlupf.

Wie sieht eine Caldera von innen aus?

Siehst du die Wasserlöcher in der Savanne?

Die Savanne

Ein Teil des Ostafrikanischen Grabens besteht aus Savanne (siehe Seite 25). In dieser Graslandschaft wachsen auch Sträucher und Bäume, z. B. Flötenakazien und Affenbrotbäume. Zwischen Juni und Oktober ist es heiß und trocken. Zwischen November und Mai regnet es.

Viele Tiere ziehen in großen Herden über die Savanne, fressen Gras und trinken in Wasserlöchern. In der Trockenzeit wandern sie nach Norden, wo es mehr regnet.

Hier, in der großen Caldera, kommen viele Tiere an die Wasserlöcher. Aus jeder Richtung führen Pfade hin, die regelmäßig benutzt werden. Am Himmel kreisen Geier und suchen den Boden nach toten oder sterbenden Tieren ab.

Zoom: Die Tiere am Wasserloch

Große Tiere

In der ostafrikanischen Savanne sind viele verschiedene Pflanzenfresser zu Hause. Die einen ernähren sich von Gräsern, die anderen von Blättern.

Zebras mögen die groben Halmspitzen, Gazellen die frischen Grastriebe darunter. Giraffen fressen die Blätter der Baumkronen, Elefanten das Laub und die Rinde weiter unten. Nashörner ernähren sich von Gras und den Blättern kleiner Sträucher.

Hier trinken die Großtiere der Savanne.

Die Raubtiere der Savanne machen Jagd auf die Pflanzenfresser. Der Löwe lauert im hohen Gras oder Gebüsch und fällt seine Beute an. Aasfresser wie Geier, Marabus und Hyänen (die auch jagen) fressen, was ihnen die Löwen übrig lassen.

Zoom: Die kleineren Bewohner der Savanne

Kleine Tiere

Die knapp einen halben Meter lange Zebramanguste jagt Echsen, Mäuse und Insekten. In der Trockenzeit legen die Mangusten bei der Nahrungssuche mehrere Kilometer pro Tag zurück.

Hier siehst du kleine Savannentiere.

Auch der Kapp-Klippschliefer, ein winziger Verwandter des Elefanten, lebt in der Savanne. Er frisst vorwiegend Gras. Die Männchen verlassen, wenn sie eine Partnerin suchen, den Familienverband und wandern durch die Savanne. Oft fallen sie Adlern, Leoparden, Löwen, Hyänen oder Schlangen zum Opfer.

Zebra-
manguste
Kapp-Klippschliefer
Zoom: Blumen und Kräuter

Viele kleine Tiere fressen Pflanzen oder Insekten.

Blumen und Kräuter

Zwischen den Gräsern der Savanne wachsen viele Blütenpflanzen und Kräuter. Sie sind an das Klima, in dem es das halbe Jahr trocken ist, angepasst. Das zerkleinerte Vulkangestein macht die Erde fruchtbar.

Die bunten Blütenblätter und der süße Nektar (Blütensaft) ziehen Schmetterlinge und Bienen an. Beim Fressen bleibt der klebrige Pollen (Blütenstaub) an den Beinen kleben. Die Insekten nehmen ihn mit zur nächsten Blüte, befruchten sie und sorgen so für weiteres Wachstum.

Wo leben die Ameisen der Savanne?

Ameisen

Insekten sind in der Savanne sehr wichtig (siehe Seite 27). Manche Arten, etwa Heuschrecken, fressen zwar in großen Schwärmen riesige Flächen kahl. Doch Schmetterlinge und Bienen verbreiten Pollen, sodass sich die Pflanzen fortpflanzen können. Einige Insekten wandeln abgestorbene Pflanzen und Tiere in Nährstoffe um, von denen andere Lebewesen leben. Termiten tragen abgestorbenes Pflanzenmaterial in ihr Nest und bauen Pilze darauf an. Mistkäfer verwerten Tierkot als Nahrung und legen ihre Eier hinein.

Ameisen sind in der Savanne sehr verbreitet. Sie leben in großen Staaten, in denen jedes einzelne Tier eine Aufgabe für die Gemeinschaft übernimmt.

Die Arbeiterinnen kümmern sich um die Eier und Larven oder beschaffen Nahrung. Die Ameisen, die hier abgebildet sind, suchen die Pflanzenstängel ab. Dann kehren sie zum Nest zurück und geben die Nahrung an die anderen Ameisen weiter.

Zoom: Auf dem Körper einer Ameise

Unzählige Bakterien bevölkern die Ameise.

Bakterien

Diese Bakterien leben auf der Ameise, die wir auf der letzten Seite gesehen haben. Ohne Mikroskop können wir sie gar nicht sehen.

Bakterien gibt es überall. Sie schweben durch die Luft und treiben im Meer, sind auf Berggipfeln zu finden und tief unter der Erde. Manche Bakterien leben, für uns ungefährlich, in unserem Körper. Sie sind zwischen 0,0002 und 0,05 Millimeter groß. Die äußeren Hautschichten enthalten das geleeartige Zytoplasma. Manche bewegen sich mit einem peitschenartigen »Schwanz«, der Geißel, voran. Viele Bakterien sind für das Leben auf der Erde unerlässlich. Sie zersetzen tote Pflanzen und Tiere und geben die Nährstoffe an die Erde zurück. Andere aber lösen Krankheiten aus, wenn sie in ein Lebewesen gelangen.

Unser Planet: Die Erde

Die Erde besteht aus mehreren Schichten (rechts). Die äußerste Schicht ist die dünne **Erdkruste** aus Gestein. Sie ist höchstens 60 km dick. Der obere **Erdmantel** ist eine Mischung aus geschmolzenem und festem Gestein. Das Gestein des unteren Erdmantels ist aufgrund des Drucks der oberen Schichten fest. Im Mittelpunkt befindet sich der **Erdkern**, der vor allem aus Eisen besteht. Der äußere Kern ist flüssig, der innere fest. Die Temperatur steigt von 1500 °C am unteren Ende der Kruste bis auf 7500 °C im Erdmittelpunkt an.

Außen gliedert sich die Erdoberfläche in 15 unregelmäßig geformte Tafeln, die **Kontinentalplatten**. Dort, wo zwei Plattenränder aufeinander stoßen, falten sich manchmal Gebirge auf. An anderen Stellen drückt Magma (geschmolzenes Gestein) aus dem Erdmantel, Platten auseinander. In manchen Ozeanen schiebt sich eine Platte unter die andere (unten). Dann brechen Vulkane und Erdbeben aus. Das Gleiche geschieht dort,

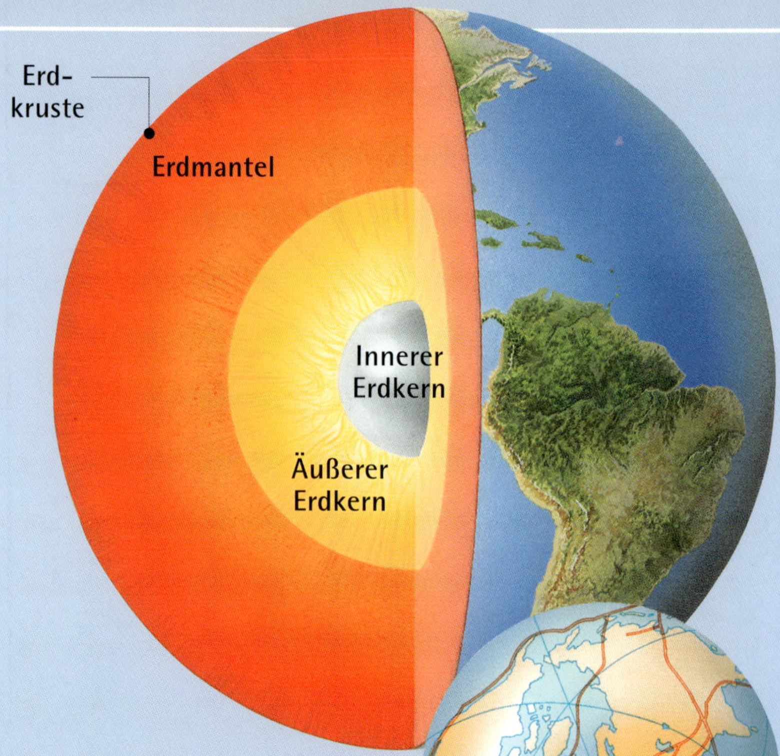

Die äußere Erdschicht (die Kruste und der obere Mantel) teilt sich in Kontinentalplatten.

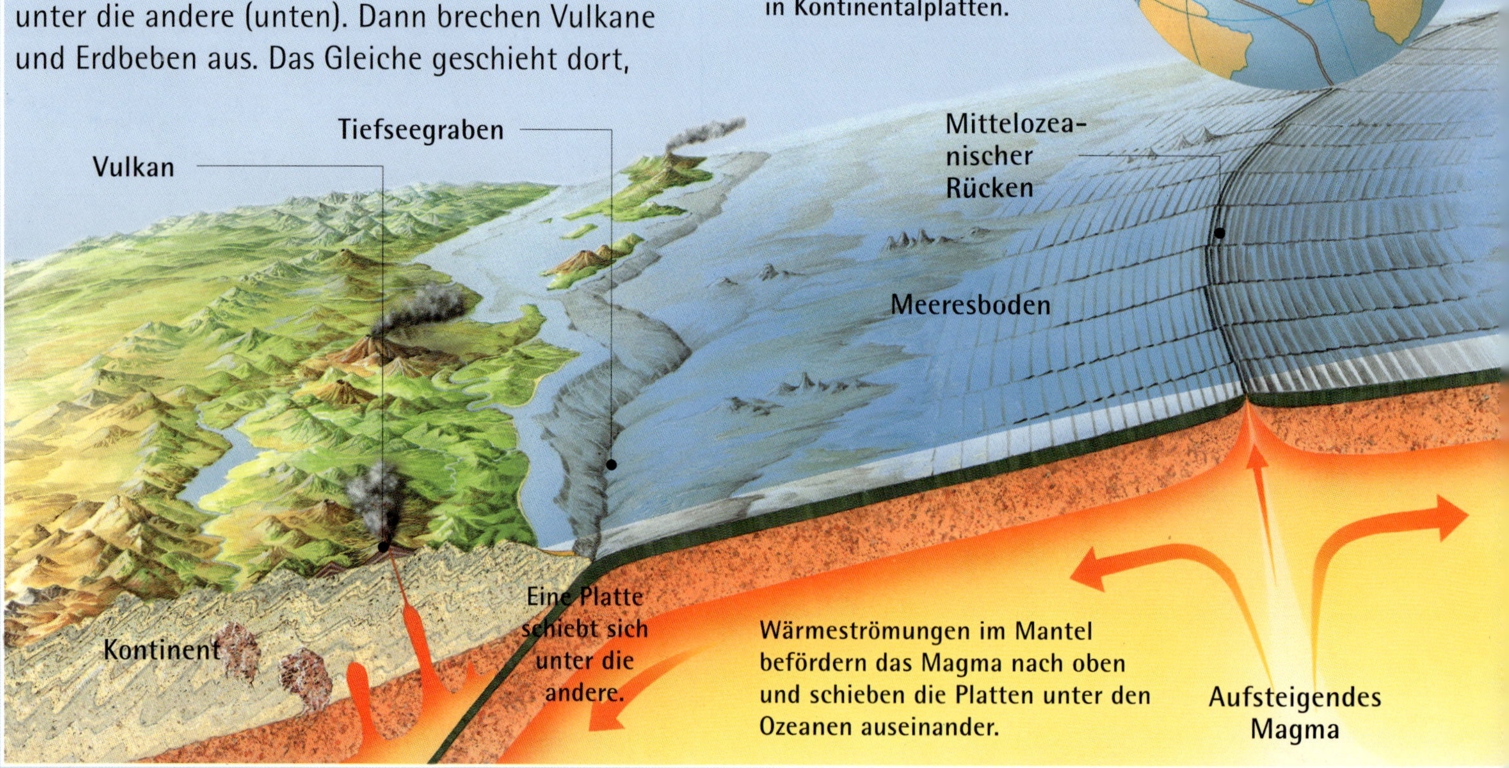

wo Platten in entgegengesetzter Richtung aneinander vorbeidriften (z. B. an der San-Andreas-Spalte in Kalifornien).

Die Erde hat als einziger uns bekannter Planet Wasser. Der **Wasserkreislauf** (rechts) zwischen der Erdoberfläche und der Atmosphäre, also der Lufthülle um unseren Planeten, formt auch die Erde. Gestein sieht zwar hart und dauerhaft aus, ist aber der **Verwitterung** und **Erosion** (Abtragung) ausgesetzt. Bei großen Temperaturunterschieden kommen Risse ins Gestein. Regenwasser dringt ein, gefriert und zerbricht das Gestein. Auch die Meereswellen, das Strömen der Flüsse und das Fließen der Gletscher tragen Gestein ab. Im Lauf von Jahrmillionen entstehen tiefe Täler.

Sedimentgestein wie Sandstein und Kalkstein besteht aus Sand, Kies, Schlamm und anderen Teilchen, die durch Verwitterung und Erosion zerkleinert werden, aber auch aus Überresten toter Lebewesen. Der Druck der Schichten presst sie zu Gestein zusammen. **Magmatische Gesteine** wie Granit oder Basalt entstehen aus Magma, das aufsteigt, abkühlt und aushärtet. Wenn Gesteine großem Druck oder Hitze ausgeliefert sind, bilden sich **metamorphe Gesteine** wie Marmor oder Schiefer. Im **Gesteinskreislauf** (unten) gehen diese Gesteinsarten ineinander über.

Die Sonne erwärmt das Wasser der Seen, Flüsse und Meere und lässt es verdunsten. Der Wasserdampf steigt auf, kühlt dabei ab und kondensiert, wird also wieder flüssig. Winzige Wassertröpfchen oder Eiskristalle sammeln sich mit Staubpartikeln in Wolken. Dann fallen sie in Form von Regen oder Schnee zur Erde. In den Flüssen fließt das Wasser ins Meer zurück.

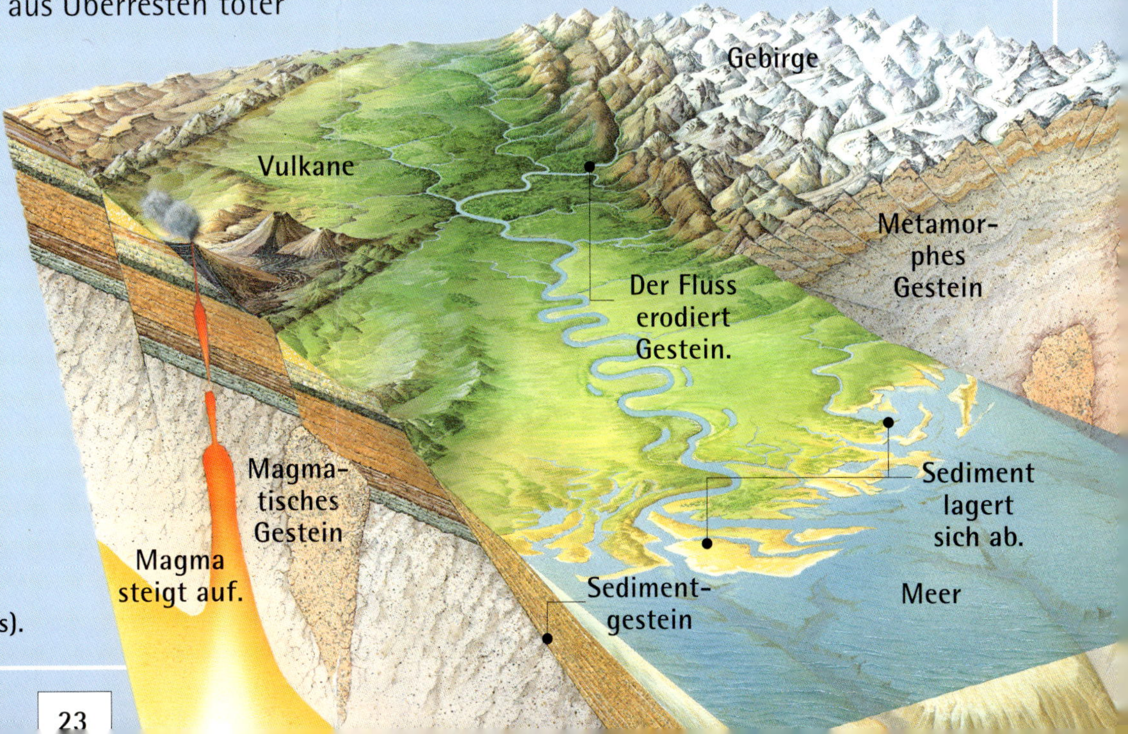

Sedimentgesteine am Meeresboden sinken, wenn sich eine Platte unter die andere schiebt, unter die Erdkruste (links). Dort schmelzen sie, steigen auf, kühlen ab und erstarren zu magmatischem Gestein. Oder sie werden zu metamorphem Gestein zermahlen oder verschmolzen. Alle Gesteinsarten werden durch Verwitterung und Erosion abgetragen und lagern sich zu Sedimentgestein ab. Diesen ständigen Prozess bezeichnet man als Gesteinskreislauf (rechts).

Klimate und Biome

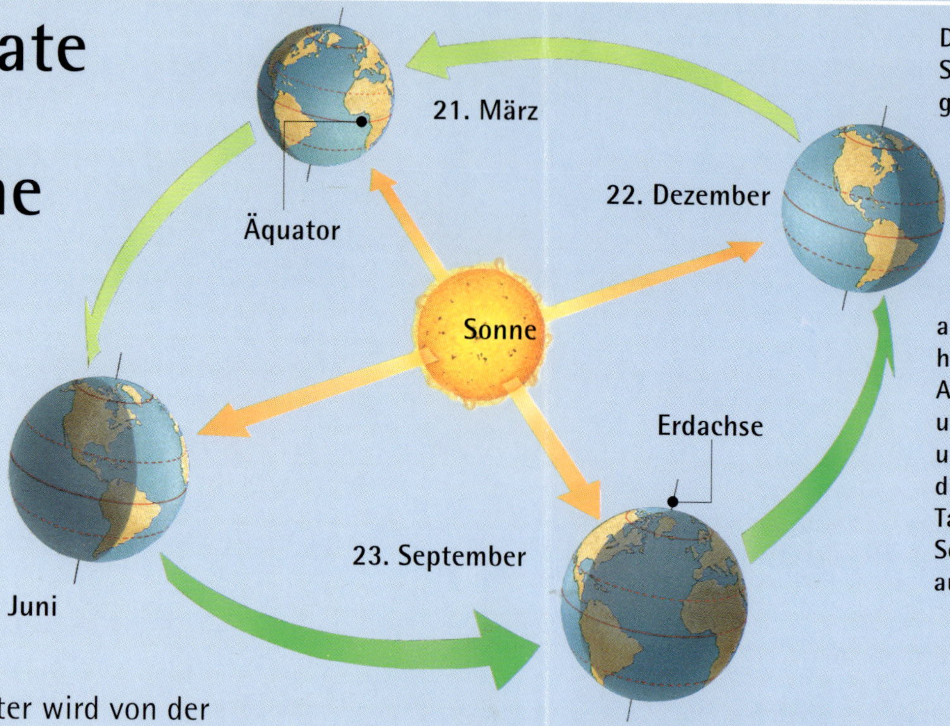

Die Erde wandert um die Sonne und dreht sich gleichzeitig um sich selbst. Die Erdachse steht nicht ganz senkrecht, sondern ist leicht geneigt. Daher ist zur Sommersonnenwende am 21. Juni die Nordhalbkugel der Sonne am nächsten. Auf der Südhalbkugel ist dann Winter. Am 22. Dezember ist es umgekehrt. Am 21. März und am 23. September sind die Frühjahrs- und Herbst-Tagundnachtgleiche; die Sonne scheint senkrecht auf den Äquator.

Unser Wetter wird von der Sonne bestimmt. Die Winde entstehen dadurch, dass kühle Luft wärmere Luft verdrängt. Regen und Schnee fallen, wenn verdunstetes Wasser nach oben aufsteigt, abkühlt und wieder kondensiert (siehe Seite 23). Das Wetter ändert sich täglich. Jede Region hat jedoch wiederkehrende Wetterbedingungen, die man **Klima** nennt. Die Klimate hängen mit dem Umlauf der Erde um die Sonne zusammen (oben), aber auch mit den Meeresströmungen und Winden. In den Tropen ist es das ganze Jahr über warm und trocken; sie liegen in der Nähe des Äquators, wo die Sonne fast senkrecht steht. Dort, wo trockene Winde wehen, herrscht Wüstenklima. An den Polen dagegen steht die Sonne flacher am Himmel, es ist kälter. Zwischen den Tropen und den Polen liegen gemäßigte Gebiete, wo es im Sommer warm und im Winter kühl ist.

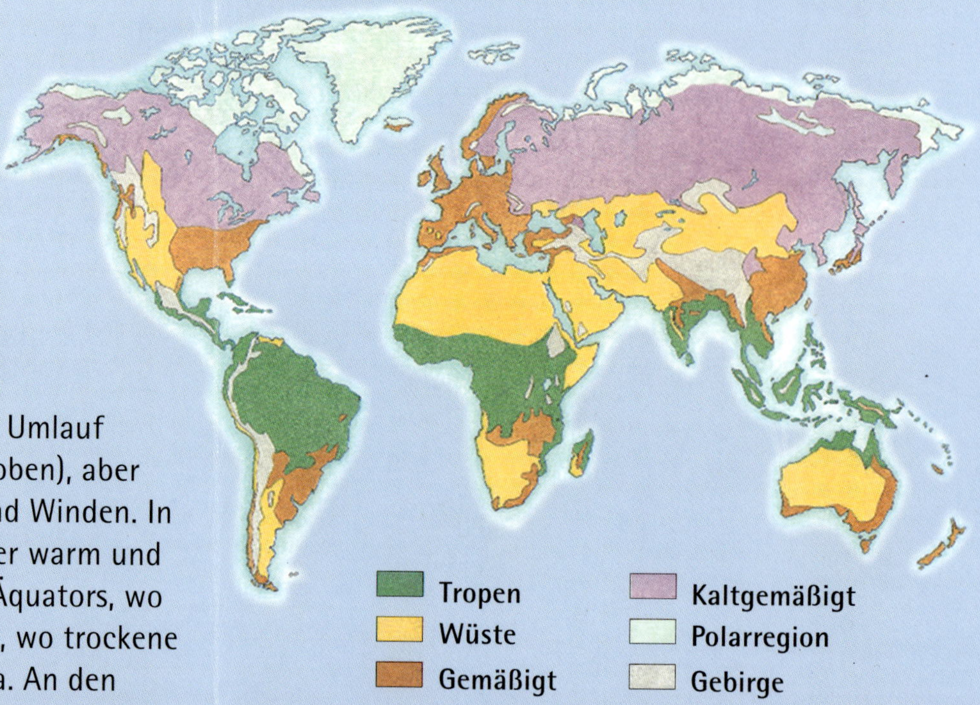

Die Klimate der Erde hängen zum Teil mit den Meeresströmungen zusammen. Der Golfstrom aus den Tropen erwärmt beispielsweise Nordwesteuropa.

Ein **Biom** umfasst die Gebiete, in denen Vegetation und Tierwelt ähnlich sind. Es ist vom Klima abhängig, aber auch von Gesteinsart und Bodenbeschaffenheit. In jedem Biom gibt es mehrere **Lebensräume**. Im Wald der gemäßigten Zone sind das zum Beispiel der Lebensraum Eiche, Birke oder Ahorn.

Die Polarregionen (1) sind schnee- und eisbedeckt. Nach Süden hin schließt sich die Tundra an (2). Dort ist es für Bäume zu kalt, doch im Sommer können Moose und Flechten wachsen. Borealer Nadelwald (Taiga, 3) überzieht weite Teile Nordrusslands und Nordamerikas; Laubwald (4) wächst in wärmeren Klimaten.

Die meisten Wüsten (5) sind kahl und felsig, wenige sandig. In der heißen und trockenen Savanne (6) wechseln sich Regenzeit und Trockenzeit ab (siehe Seite 10). Der tropische Regenwald dagegen ist das ganze Jahr über feuchtwarm. Das größte Biom ist das Meer (8). Die meisten Meerestiere leben nahe dem Meeresboden und im Flachwasser.

Naturkreisläufe

Die Pflanzen und Tiere eines Lebensraums brauchen zum Leben und Wachsen **Nährstoffe**, zum Beispiel Minerale. In der Natur werden Sauerstoff, Kohlenstoff, Schwefel und andere Stoffe ständig umgebaut (unten). Dadurch sind sie immer verfügbar. Pflanzen nehmen durch die Wurzeln Nährstoffe aus der Erde auf (1). Mit Kohlendioxid aus der Luft und der Lichtenergie der Sonne stellen sie daraus Zucker her. Pflanzen fressende Tiere verdauen den Zucker und andere Nährstoffe (2). Diese gelangen in ein Fleisch fressendes Tier. Oder sie kommen mit dem Kot oder einem toten Tier in die Erde (3). Pilze, Mikroben und kleine Tiere zersetzen tote Tiere und Pflanzen; dadurch werden Nährstoffe frei, die die Pflanzen wieder aufnehmen (4). Die Tiere atmen Kohlendioxid aus, das in die Luft gelangt.

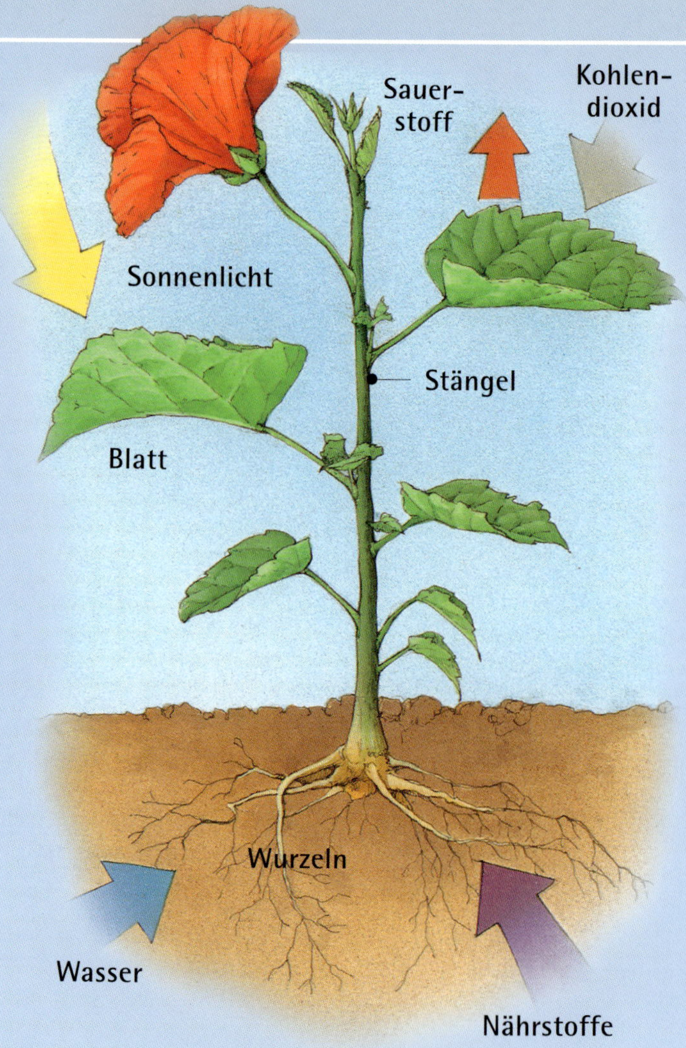

Pflanzen bilden ständig Zucker und Sauerstoff (oben). Über die Wurzeln nimmt die Pflanze Nährstoffe und Wasser aus der Erde auf. Die Blätter am Stängel sind kleine »Nährstofffabriken«. Das Blattgrün (Chlorophyll) fängt die Sonnenenergie ein. Die braucht die Pflanze, um aus Wasser und Kohlendioxid aus der Luft Zucker zu bilden, die Nahrung der Pflanze. Man bezeichnet diesen Vorgang als **Fotosynthese**.

Bei der Fotosynthese wird Sauerstoff frei, der in die Luft geht und den die Tiere zum Atmen brauchen.

Die Lebewesen eines Lebensraums sind aufeinander angewiesen. Sie bilden eine Gemeinschaft. Pflanzen brauchen Sonnenlicht, Wasser, Kohlendioxid und Nährstoffe aus der Erde oder dem Meer. Einige Tiere fressen Pflanzen. Solche Pflanzenfresser können Insekten, Säugetiere oder Vögel sein. Fleischfresser fressen andere Tiere. Tiere und Pflanzen sind über die Nahrungskette miteinander verbunden. Viele Tiere fressen nicht nur eine Nahrungssorte. Ein Bär zum Beispiel mag Pflanzen, Pflanzenfresser, Insekten und Insektenfresser. So entstehen Nahrungsnetze wie das des nordamerikanischen Waldes (rechts). Wenn ein Tier oder eine Pflanze aus einer Nahrungskette verschwindet, kann das für das Netz verheerende Folgen haben.

Ein einzelnes Lebewesen bezeichnet man als **Organismus**. Um die Lebensweise eines Organismus zu verstehen, ordnet man ihn Gruppen zu. Die größten Gruppen sind die der winzigen Monera (z. B. Bakterien), der etwas größeren Einzeller, der Pilze, der Tiere und der Pflanzen (siehe Seite 28).

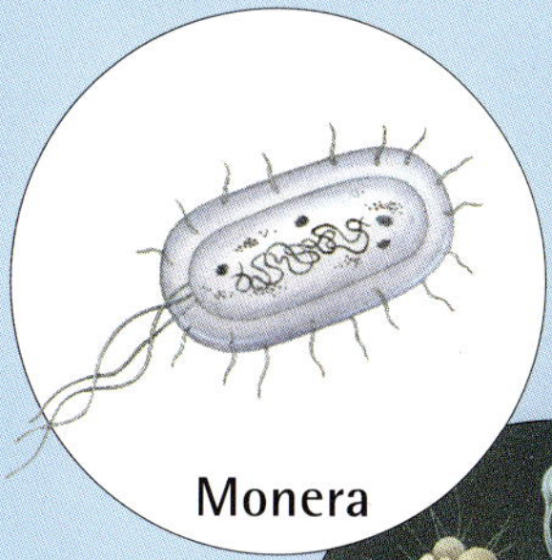

Zu den Monera gehören die Bakterien. Ein Bakterium besteht aus einer winzig kleinen Zelle ohne Zellkern. Ein Einzeller dagegen hat einen Zellkern.

Pilze beziehen ihre Energie direkt aus toten oder absterbenden Organismen: Sie zersetzen sie und verwerten die Nährstoffe. Pflanzen holen sich ihre Energie aus dem Sonnenlicht und Tiere ernähren sich von anderen Lebewesen. Zum Tierreich gehören viele Wirbellose, z. B. Gliederfüßer, Weichtiere, Würmer, Schwämme und Quallen.

Tiergruppen

Schwalbenschwanz

Wirbellose (Tiere ohne Wirbelsäule): Dazu gehören viele Meerestiere (Schwämme, Quallen, Weichtiere, Krustentiere), Mikroorganismen (tierische Einzeller), Insekten, Spinnen, Tausend- und Hundertfüßer.

Kröte

Amphibien: Tiere, die sich im Wasser fortpflanzen (Lurche, Salamander, Frösche und Kröten). Die Jungtiere atmen mit Kiemen, ausgewachsene Tiere haben Lungen.

Weißhai

Fische: Wassertiere, die mit Kiemen atmen. Sie sind wechselwarm, haarlos und stromlinienförmig. Viele haben mehrere überlappende Schuppenschichten. Mit den Flossen steuern sie und halten das Gleichgewicht.

Seepferdchen

Mantarochen

Es gibt zwei Klassen: Knorpelfische (mit knorpeligem Skelett, z. B. Haie und Rochen) und Knochenfische (mit verknöchertem Skelett, z. B. Seepferdchen, Lachs, Dorsch, Aal).

Lachs

Königskobra

Reptilien: Wechselwarme Tiere, meist Landbewohner mit Schuppenhaut. Dazu gehören Echsen, Schlangen, Schildkröten und Krokodile. Die meisten Reptilien legen Eier. Sie können sich nur bewegen, wenn sie warm sind.

Grüne Meeresschildkröte

Vögel: Wechselwarme, gefederte Tiere mit Flügeln.

Strauß

Der Strauß, der Emu, der Kiwi und alle Pinguine sind flugunfähig.

Falke

Es gibt rund 9000 Vogelarten, darunter viele Seevögel, Wasservögel, Greifvögel, Störche, Segler und Kuckucke.

Paradiesvogel

Säugetiere: Warmblütige Tiere, die lebende Junge gebären und sie mit Milch säugen. Die Kloakentiere (Schnabeltier und Ameisenigel) legen Eier. Bis auf die Wale und Delfine haben alle Säugetiere vier Gliedmaßen und Haare oder Fell.

Känguru

Beuteltiere bringen keine ausgewachsenen Jungtiere zur Welt. Die Jungen werden sehr früh geboren und entwickeln sich im Beutel der Mutter. Zu den Beuteltieren gehören Känguru, Koala und Opossum. Säugetiere haben sich an viele verschiedene Lebensräume angepasst, vom Ozean bis zu den Polarregionen und Gebirgen. Die Größe reicht vom winzigen Nager bis zum riesigen Wal. Einige Säugetiere fressen Pflanzen, andere Fleisch.

Fledermaus

Backenhörnchen

Rotfuchs

Indischer Elefant

Buckelwal

Fachbegriffe

Atmosphäre Gashülle, die einen Planeten, Mond oder Stern umgibt.

Bakterien Winzige Organismen aus einer Zelle ohne Kern. Manche leben in anderen Organismen, einige als Krankheitserreger. Bakterien sind für die Wiederverwertung von Nährstoffen in der Erde wichtig.

Biom Geografischer Raum mit mehreren Lebensräumen, z. B. Regenwald.

Caldera Rundes Becken, das entsteht, wenn ein Vulkangipfel bei einem Ausbruch weggesprengt wird.

Einzeller Winzige Organismen, die aus einer Zelle mit Zellkern bestehen.

Erdkruste Die dünne äußere Gesteinsschicht der Erde.

Erdmantel Erdschicht unterhalb der Kruste und oberhalb des Kerns.

Erosion Langsame Gesteinsabtragung durch Wasser.

Fotosynthese Vorgang, bei dem Pflanzen mithilfe von Sonnenenergie Kohlendioxid und Wasser in Zucker umwandeln; dabei wird Sauerstoff frei.

Gliederfüßer Tiere mit hartem Außenskelett und gegliederten, paarweise angeordneten Beinen. Dazu gehören Insekten, Krustentiere, Spinnen und Tausendfüßer.

Graben(bruch) Einsenkung in der Erdkruste zwischen zwei parallel verlaufenden Verwerfungen.

Klima Das gesamte Wetter an einem bestimmten Punkt der Erde.

Kontinentalplatten Große Tafeln, die die Erdoberfläche bilden. Sie sind immer in Bewegung.

Lebensraum (auch Habitat) Umgebung, in der eine Pflanze oder ein Tier lebt.

Magma Heißes geschmolzenes Gestein im Erdmantel. Bei einem Vulkanausbruch tritt es als Lava an die Erdoberfläche.

Monera Winzige Organismen, die aus einer Zelle ohne Zellkern bestehen, z.B. Bakterien.

Nährstoffe Stoffe, die ein Organismus zum Leben und Wachsen braucht.

Nahrungskette Ablauf, bei dem eine Pflanze von einem Tier gefressen wird, dieses von einem anderen und so weiter. Da viele Tiere mehrere Nahrungsquellen haben, sind Nahrungsketten Teile größerer Nahrungsnetze.

Organismus Einzelnes Lebewesen.

Pilze Lebewesen, die von verrottenden Pflanzen und Tieren leben und sich über Sporen vermehren.

Pollen Blütenstaub.

Savanne Tropisches Grasland mit einzelnen Bäumen und Sträuchern.

Verwitterung Langsame Gesteinsabtragung durch Wind und Temperaturunterschiede.

Wirbellose Tiere ohne Wirbelsäule.

Wirbeltiere Tiere mit Wirbelsäule.

Zelle Winziger Baustein, aus dem alle Lebewesen bestehen.